The Small Big
台灣特有種 4

目 次

1

附錄

稀有保育類等級的節目，展現台灣特有種風格

台大昆蟲學系助理教授　曾惠芸

　　現在電視節目為了滿足廣大客群的需求，節目推陳出新，然而除了 Discovery、National Geographic、Animal Planet等國外節目頻道外，與野生動物相關的節目並不多，更不用說台灣自己拍攝、以本土的野生動物為主角的系列節目，更像是所有節目中的「保育類」，稀有且獨特。

　　還記得2017年接到節目製作人偉智的email，提到公視想做一個台灣特有種的節目，其中一集是有關球背象鼻蟲，當下覺得很開心有這樣的節目，也毫不猶豫的接下這集顧問的協助任務。第一季的台灣特有種要以VR的技術拍攝野生動物，用這樣高難度的技術拍攝一群「不受控」（不會按照腳本走）的野生動物難度是非常高的，也需要攝影團隊極大的耐心與技術。

強大的團隊，取得珍貴的素材

　　由於用VR拍攝野外的野生動物，後續開始與節目製作團隊有了密切的接觸，每一次的接觸都充滿了驚喜，這個團隊裡的每個人都展現了強大的專業與喜愛野生動物的情感。

　　節目主持人之一的沁婕，對動物有一種專注與熱愛，一直記得她看到球背象鼻蟲時閃閃發亮的神情。在蘭嶼出外景時，導演晚上和我騎車上小天池，12點下山回到住宿的地方，接著四點一同和攝影團隊至朗島準備拍攝日出、再到永興農場錄音，導演對拍攝的每一個影像與環節都極為要求，細心的和每個團隊成員溝通想法；節目製作與企編從一開始的腳本就

展現了對拍攝物種的了解，拍攝時的每個環節與整體的時間、進度掌控度極佳；節目執行與助理在野外拍攝過程中總能在第一時間預先細心的替所有人準備好需要的東西，拍攝過程需要任何協助總是不怕辛苦的衝在最前面。

　　在蘭嶼和大家一起出外景時，發現的其他野生動物總是能引起團隊的每個人驚呼連連，大家看到野生動物的感動，相信會一直暖暖的放在心裡，不會被遺忘。

以閱讀讓感動延續

　　對野生動物的感動是人本質的一部分，透過節目團隊的拍攝成果，相信也會將這樣的感動傳給每一個人。也因為這樣的用心，台灣特有種節目獲得金鐘獎肯定，而接下來，要讓這樣的感動傳承下去，木馬文化將節目內容轉化為有趣的文字與漫畫風格。

　　從專業的角度看，這本書不僅僅是呈現方式非常吸引人，內容更是科學家們默默努力研究的成果展現；而這些為台灣生態努力的小達人們，更是台灣的希望與亮點，真正的台灣特有種。讓我們期待更多的年輕人展現其特有風格與行動，期待更美好的未來。

我們一起當台灣特有種！

昆蟲擾西 吳沁婕

　　《台灣特有種》是我人生中第一次主持的節目，「第一次主持節目就可以跟這麼棒的團隊合作，真的超級幸運！」這句話大概在我臉書講了100次了吧！

　　一開始製作人偉智拿著企畫書來跟我談的時候，我的確馬上就被這個節目的構想吸引了。認識台灣的特有生態，為保育盡一份力，看見在台灣這個成績至上的氛圍中，升學主義的教育體制下，原來還有這些可以專心投入自己熱情，在各專業生態領域的大孩子們。

　　興奮之餘也擔心著，公視的節目雖然品質有保證，但會不會限制很多？會不會有點無聊？畢竟，自己當youtuber自由自在想怎麼做都可以。後來想想，節目願意找我這樣的人，一個像男生的女生當兒少節目主持人，就是很大的突破了吧！感謝他們的勇氣，那我就來主持看看！

　　然後，我就被製作人和整個製作團隊圈粉了（讓我表白一下）。每一次出外景，都是兩車20人的大陣仗，雙機拍攝，所有細節都不馬虎。節目的腳本是企編構思後，幾位台灣生態領域的專家們，一再諮詢確認才交到我們手上。製作人偉智非常有經驗，也非常認真，卻給我們很大的空間，讓我第一次主持就可以非常安心的發揮自己。

　　每一次的主題，也都讓我學到很多。小達人們帶領著我看見更多台灣的美、台灣遇到的保育問題，我們可以如何出一份力。我第一次看到剪好的一集影片，全身起雞皮疙瘩，那精緻的片頭設計、配樂，超有美感、可愛的小動畫穿插在畫面中的台灣生態裡，感動著自己在這樣的團隊，精心準備的內容被高規格的呈現，這是台灣自製的生態節目啊！是我主持的節目耶！

突然覺得那些風吹日晒雨淋都好值得，每一個畫面在我腦中都是這麼的美。

而最難忘的，是那些大家一起等待，一起屏息凝神期待的瞬間。池塘邊，一閃即逝蛙腿踢得超帥的貢德氏赤蛙；環頸雉從草叢中點著頭出現；森林中，因為臭死人的製作人大便，而紛紛衝來的糞金龜；在北橫等了一夜收工前，出現讓我們叫到破音的魏氏奇葉螳螂；陸蟹媽媽終於順利走進海中抖動身體讓十萬隻baby游向大海……

有一群人，跟你有一樣的熱情，一起為相同的理念，為好的作品而努力。雖然在台灣做電視節目是這麼的辛苦，這麼的吃力不討好，但是這些堅持，得到了很棒的肯定。金鐘獎頒獎那晚，我們在台下喊破了喉嚨，我哭到妝都花了，我們得到了兩座金鐘的肯定，還有很多大小朋友給我們的回饋。

「我好喜歡《台灣特有種》，每個禮拜五都期待。」

「為了《台灣特有種》，小朋友寫功課特別快。」

「我有跟爸爸說，下次開車在山裡要慢一點，看看地上有沒有蛇。」

「昆蟲老師我跟你說，我以後也要像特有種的大哥哥、大姐姐一樣。」

每一集節目只有30分鐘，但其實還有好多好棒的內容想帶給大家，很多讓我們可以好好想一想，細細咀嚼的，感謝木馬文化把這些用細膩的圖文呈現出來。

看書吧！大小朋友們，看書很重要喔！大量的閱讀也是讓我們成為更厲害的人、有力量的人。很重要的一件事，昆蟲擾西驕傲的推薦大家這個超棒節目、超棒的一本書！

一本特有種的書

公共電視節目部經理 於蓓華

　　《台灣特有種》是近年來公共電視所製播，口碑與收視都深受歡迎的兒少節目。製作團隊投入許多資源，為觀眾提供全新觀點，挖掘隱身在山野林間，為自己所愛的生態保育而努力的故事，將年輕人也能擁有的力量，具體展現在螢幕面前。這正是公共電視在兒少節目的經營裡，所肩負的責任：提供台灣的孩子，更多元的觀點、鼓勵孩子有更多的行動。

　　節目裡以最新ＶＲ技術，也是電視節目首先嘗試以全新的視角和敘事方式，呈現生物的生態行為，如此近距離的認識台灣特有種，是公視的一大挑戰，卻也是非常榮幸的過程。

　　當木馬文化將台灣特有種節目從影像閱讀變成一本書，實在令人驚豔不已，不僅將節目中的台灣特有種躍然紙上，還繪製了孩子最愛的插圖，可愛的圖文增添了豐富又幽默的閱讀體驗，相信孩子一定會愛不釋手。

　　書中還增加了許多節目中，囿於長度與影片的流暢而捨棄的知識。例如：標本如何製作、昆蟲分類學是什麼？什麼是原生種、什麼是外來種？賞鳥的配備和方法、什麼是路殺動物？這些小知識的補充，讓這本書更「完整」了。

　　公共電視一直是小朋友、家長和老師信任的頻道，此節目也在許多自然老師和科教館等單位有極佳的口碑。隨著本書的出版，書中還增加了適合讀者一起進行討論的特有種任務，更完整了閱讀後的回饋，因此也很適合老師們作為課堂使用，書中提供了幾個生物專業網站，以及台灣特有種每一集的連結，謝謝木馬文化出版為台灣特有種創造更多的可能。

　　看到木馬文化和公共電視一起努力帶給孩子新視野，實在非常感動，也邀請讀者一起認識台灣特有種！

歡迎加入台灣特有種的行列　木馬文化副總編輯 陳怡璇

　　猶記得在公視頻道觀賞《台灣特有種》第一季播出時，節目中呈現台灣特有種生物的精緻畫面、動人的青少年實踐故事，讓同為兒童、青少年提供閱讀素材努力多年的我，感到驚豔、羨慕：節目除了為「台灣特有種」一詞賦予自然且強而有力的新意義，令人大開眼界的生態紀錄和人物訪談，更是寶貴的素材。

創造3D閱讀體驗

　　影像是流動的，文字卻能為每個讀者逗留。本書除了再現節目的精神與精采畫面外，也讓每位受訪的青少年變身為生態導覽員，為讀者介紹生活在這塊土地上的珍貴物種；以漫畫的形式的介紹物種生態行為，補充適合文字閱讀的知識，配合每個章節，延伸出「特有種任務」，讓每個小讀者以及師長們，能夠有更多運用的素材，深化書中呈現的知識。

行動，是最珍貴的學習歷程

　　「行動」，無疑是讓一切成真的起點。108課綱施行後，所重視的學習歷程，正是鼓勵我們的孩子：擁有知識之外還要行動，在行動的過程中解決問題並調整策略，將這一切整理、反芻，便是獨一無二的學習歷程，而這些青少年的故事，相信會讓大小讀者都深受啟發。

歡迎加入台灣特有種的行列

　　請別忽略書名中的「The Small Big」，在台灣這塊島嶼上，有著豐富多樣的生物，即使看來不起眼、即使數量稀少，都在我們的環境中扮演著珍貴且不可或缺的穩定力量，就如同在台灣島上生活的你和我和他，都是重要的，缺一不可。現在，繼讓我們開啟扉頁，進入台灣特有種的世界吧！Let's Go！

十項全能的動物保母
✕
穿著厚鎧甲的背包客

十項全能的動物保母

許珮暄
今年19歲，
任職於屏科大野生動物收容中心，是一位照養員。

最喜歡大型哺乳類動物，
我覺得牠們很有靈性。

高中讀了野生動物保育科，就離不開牠們了。

我原本是個沒什麼自信的人，做事情需要別人支持和加油。進入收容中心，和動物們陪伴彼此，我漸漸變得有自信。

▲蘿蔔糕陪我說話，度過被孤立
的日子。

國中時，狗狗「照養」我

　　好吧，我承認小時候並沒有特別熱愛動物。我和動物們的世界就像兩條平行線，沒什麼交集，直到上了國中，事情有了一些變化。那時候的我，說話太直接了，腦中有什麼想法，想都沒想就這樣脫口而出，的確挺傷人的。說到這裡，你應該能猜到我接下來的遭遇了吧！這種說話不加修飾的直率性格，很容易得罪人，也反噬到自己，我在班上成了被孤立的對象。

　　所以，我讀國中時，身邊的朋友其實不多，在人際上畫出一條保持距離的防線。雖說我和人的相處上或許有些障礙，但跟狗狗完全沒這問題。我有一個狗朋友，牠的名字叫「蘿蔔糕」，是我阿姨飼養的流浪狗。我經常抱著牠，邊揉牠的頭邊聊天，今天我發生了什麼事，又被誰怎樣了。我覺得蘿蔔糕影響我還蠻深的，多虧牠的陪伴，傾聽我說著人類世界裡大大小小的事，在情感和生活上都有了寄託。是牠，讓我喜歡上動物。

　　而我怎樣也沒料到，小傢伙蘿蔔糕只是揭開我生命故事的扉頁，動物們似乎也和老天爺說好，準備在幕起燈亮時上場。你是否開始好奇我接下來的際遇呢？別急，請繼續讀下去吧！

　　度過了慘澹不忍回首的國中，考高中選填志願時，我看到野生動物保育科，這才意識到原來世界上，除了狗之外，還有很多動物也需要被照顧，而我願意成為一份子。如此朝夕相處，我和動物們也建立深厚情感，即使現在畢業了，我還是會和同學相約，每個月回學校一次，看看以前照顧的動物。

野生動物保育科 讀什麼？

　　珮暄姐姐以前就讀的內埔農工，是全台灣唯一創設野生動物保育科的高職。課程內容以動物傷救保健、野生動物飼育管理、生態資源野外調查為核心。近年開設的「生物多樣性」課程，則是走出戶外到學校以及鄰近的大武山探查。

菜鳥照養員,上線!

　　後來,我沒有考上理想的大學,於此同時看到屏科大的野生動物收容中心正在招募新人。於是,我在升學之路上拐了個彎,跑到屏東工作,成為這裡最年輕的照養員。

　　我原本也像其他外行人一樣,對於動物照養員懷抱著有點美好的幻

想,以為可以進到籠舍裡,盡情的近距離和動物們互動。夢做得有點美,夢醒時讓人感覺現實太殘酷。事實上,我被帶到一間屋子裡,眼前只有一簍簍裝著蔬菜、水果,和簡易切菜板的塑膠籃。我一連三個月都在切菜,切到開始懷疑人生的時候,

有了新任務——鏟大便。到現在都還記得,我第一次鏟的大便是馬來熊的。排泄物當然有味道啊,馬來熊的便便不會很臭,飄出果香和根莖類的香味呢!

　　不不不,我沒有抱怨工作,只是想告訴大家關於照養員的真實樣貌,

並非想像中那麼輕鬆,不是抱抱猴子,到籠舍裡和動物們玩耍,就能收工下班。我們一整天馬不停蹄的勞動,花很多時間準備食物、布置籠舍。至於打掃籠舍嘛,這是每天都得執行的例行工作呀!

　　準備動物們的食物，真的很花時間嗎？首先，得先把沉甸甸的蔬果從卡車上卸下來，一簍一簍的拉進屋子裡，光是這段路就夠你流下滿身汗。接著，開始切菜和分配蔬果。

　　以黑熊為例，可別認為熊只吃肉，牠們是雜食性動物，並以根莖類植物和水果為主食。

　　那……可以幫黑熊加點料，淋一些蜂蜜在水果上嗎？這問題被黑熊聽到，牠們應該會舉雙手雙腳贊成吧！畢竟對牠們來說，蜂蜜有著無法抗拒的魔力，在野外一旦發現目標，牠們會努力不懈的搗毀蜂巢，就連蜂蛹、蜂蠟也會吃得一乾二淨。話雖如此，以專業的照養角度來看，水果已經有糖分了，再淋上蜂蜜會太甜。唯一的例外是，天氣熱時，我們會為黑熊製作特大號水果冰，將切好的水果放入塑膠箱裡，加水再加點蜂蜜，冷凍幾小時後就是冰涼好滋味啦！

　　辛苦歸辛苦，不過比起窩著一直切菜，做著重複性的工作，每天餵食看牠們不一樣的反應，其實蠻有趣的呢！

▲在野外遇到蜂巢就是加菜了！

幫動物找樂子

　　解決了生理需求，照養員還肩負著布置籠舍的重責大任。野生動物約有八成的時間都在覓食，但長期圈養之下，無可避免的讓牠們產生了一些不斷重複的刻板行為。每一隻動物的刻板行為不太一樣，有的拚命拔自己的毛，有的一直撞東西，或者不斷的搖頭晃腦。

　　有鑑於此，我們會盡量想辦法做一些事情，增添樂趣，或者提供一些玩具刺激牠，促使牠產生在野外會有的行為，這些都是為了打發牠們在籠舍內枯燥乏味的生活。

　　為動物量身打造、更換籠舍的配置，也是照養員必備技能。我們模擬黑熊在野外四處攀爬的環境，籠舍內搭建許多高低不等的木台。黑熊很開心，但卻苦了照養員。我每天得爬上爬下，打掃糞便、食物殘骸，不過能讓黑熊過的舒適一點，再苦也都甘之如飴。

　　而減少紅毛猩猩的刻板行為，除了布置環境之外，特製點心也是解決的方法之一。狼尾草是餵食牛羊的主要牧草，也是紅毛猩猩最愛的點心。摘採新鮮狼尾草後，用報紙包裝一下，再用紙箱包住報紙，一層層包住以增加吃狼尾草的難度，就像在野外找食物一樣，花點時間才能換來大餐。

愛牠，就請尊重牠

　　讀到這裡，你或許會很好奇，這收容中心裡的動物從何而來，未來該何去何從？牠們從哪裡來，其實都有一段屬於自己的坎坷故事。像是獅虎阿彪，是在台南蛇王繁殖場出生的，爸爸是獅子，媽媽是老虎，牠是雜交出來的後代。

　　除了錯誤的人工繁殖外，因為走私而到這裡的動物更是多數。像是智商相當於三歲小孩的紅毛猩猩，早年便是從印尼婆羅洲被大量獵捕來台。

▲因人類一己私慾而失去自由的動物們。

　　牠們幾乎無法再回到野外了。如果沒有收容中心，這些動物也不知道該去哪裡，因此身為第一線的照養人員，我想這份工作的價值在於，動物需要我們。同時，也要呼籲大家，不要亂買保育類動物，你不買，商人就不會抓動物來賣了。

看完我照顧的哺乳類，是否有點感慨？那跟著我去關心看似穿著威風鋼鐵盔甲，事實上卻是小肉腳的穿山甲吧！

穿著厚鎧甲的背包客——中華穿山甲

小檔案

穿山甲科

全長：75 ～ 95 公分

體重：3 ～ 6.5 公斤

棲地：中高海拔山區

食物：白蟻，也吃其他昆蟲的
　　　幼蟲

圖片提供 / 詹德川

你醒啦！

嗯……

小可愛，你又做惡夢嗎？

唉，這是一個月來，我第四次夢到被流浪狗攻擊的那一晚了。

別看我們中華穿山甲，一身的盔甲感覺很威風，其實弱點一大堆。

弱點一

走路很慢。

弱點二

沒有攻擊力，遇到危險只會蜷成球狀。

以前曾聽說人類很危險，會把我們抓去燉藥呢！

什麼都吃，真的好可怕喔！

但是在這裡，保育員每天早晚幫我清理傷口、健康檢查。

其實，你們不全都是壞人嘛！

大毛巾

乾爽木屑

聽你這麼說，我總算可以放心了。

說說穿山甲的生活嘛，我很好奇耶！

好啊！

其實，我就是背包客。

走到哪，就挖洞睡到哪。

你用什麼挖洞？

當然是我這細長又堅硬的前爪。

不信你看！

這爪子真的這麼厲害？

我可以在土坡上，挖出深達五公尺以上的洞穴。

用枯葉鋪床

我挖的洞冬暖夏涼，就連鼬獾、食蟹獴都會來住呢！

哇，我也想去看看。

你看，那裡、那裡和那裡都有，想去哪個？

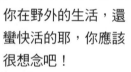

你在野外的生活，還蠻快活的耶，你應該很想念吧！

對啊，你看看我現在爪子毫無用武之處。

只能用來爬房間裡的大樹枝了。

這怎麼吃，太硬了啦！

你以為我的爪子是塑膠嗎？

看我前爪的厲害！

長舌頭、黏答答的口水。

通通黏進我的肚子裡。

那邊有、這邊也有！

好吃、好吃。

嗝！

吃飽喝足之後，就該來睡覺嘍。

你們幹嘛！

不要過來，
走開啦！

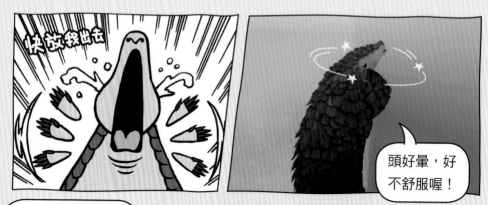

快放我出去

頭好暈，好不舒服喔！

咦？怎麼有香香的樹林味道？

熟悉的泥土味……

難道這裡是……

別怕，我們帶你回家了。

對，我夢寐以求的味道。

野放成功！

掰掰！

~THE END~

特有種任務 GO!

動物照養員日記

小山來到野生動物保育中心，準備成為一位動物照養員，珮暄姐姐交給他以下任務，請你跟小山一起完成吧！

任務 1　中華穿山甲

穿山甲尾巴受的傷快好了，要準備將牠野放。野放前要訓練牠攀爬，觀察牠的尾巴是否回復正常功能。要怎麼布置才能達到這個目的呢？請在右方的空格試著設計出來吧！

> 我的布置

任務 2　亞洲黑熊

最近天氣太熱了，亞洲黑熊的胃口不好，都吃不下東西。請你在右邊圈出亞洲黑熊的營養餐點，並且想一想要怎麼讓亞洲黑熊吃下這些食物呢？

> 地瓜、玉米、胡蘿蔔、南瓜、西瓜、梨子、芭樂、檸檬、蜂蜜、饅頭、炸雞、剩菜剩飯
>
> 我的作法

任務 3 紅毛猩猩

紅毛猩猩出現了一些刻板行為，珮暄姐姐想要增加尋找食物的難度，請在下方畫出你的設計。

例如：將堅果包在報紙裡，並用膠帶黏起來，讓紅毛猩猩想辦法打開報紙才能找到食物。

我的設計

任務 4 減少刻板行為

刻板行為是動物可能在固定狹小的地方待太久，缺乏開闊的活動空間，而產生重複或是自傷的行為。想一想，你可以設計哪些活動減少動物的刻板行為？

愛撿垃圾的陸蟹守護者
✕
用音波看世界的小搗蛋

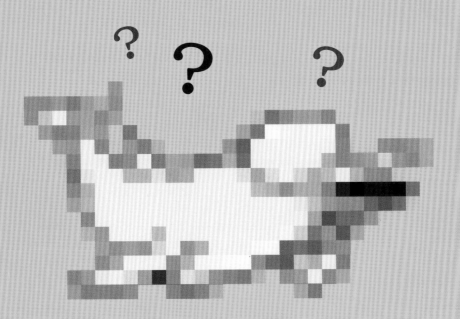

愛撿垃圾的陸蟹守護者

陳桂美

19歲，屏科大休閒運動健康系一年級。熱愛家鄉、海洋生物、陸蟹。夢想是希望可以一直守護自己的家鄉恆春。

沒事我喜歡去海邊，享受被海洋環繞的感覺。

我是少女，但我隨身攜帶的小物是塑膠袋，準備裝滿垃圾帶回家丟棄的必備品。

我會做任何和撿垃圾有關的事，不只路上撿垃圾，海底撿垃圾也不例外。

我的夢想很簡單，就是希望可以用自己的力量，守護自己的家鄉——恆春。

海洋生物不是食物

▲大地是母親，海洋就是父親，都是需要被守護的。

▲優游在海裡的生物，看上一整天都不會膩。

「好平靜啊～」每當我潛入海底，望向眼前遼闊的海洋，看到海洋生物在我面前自在的游來游去時，浮躁的心就能立刻平靜下來，看上一整天都不會膩。我是從小就住在恆春的孩子，這裡是國境之南，一個隨時可以接觸到海洋的地方，小時候我就在海邊玩、泡水，曬得黑黑的；長大後便開始學習潛水，潛入海洋之中，享受海洋的擁抱。海洋生物對我來說，就像是大家眼中的貓和狗，當我看到魚兒、小蝦、蟹類，被放在餐桌上當成一道道美食。我都覺得很奇怪，因為牠們就是朋友或是寵物，而不是拿來吃的食物。所以，我從小就很不喜歡吃海鮮，尤其是我最愛的螃蟹。

我不喜歡吃海鮮，但是我爸爸卻很喜歡釣魚，他釣魚的時候，我還得去幫他送午餐，這讓我有點頭痛，可是我發現，每次去送便當都可以順手檢查爸爸釣的魚，偷偷把牠們放掉，我就覺得去送便當好像也不錯！

「你怎麼又把我釣的魚放掉啊！」爸爸老是在遠方大喊，其實我只放掉過小的魚，因為小魚都還沒長大，把牠們釣回來做什麼呢？不

能吃、不能養，不如讓牠回到大海繼續長大，這樣可以孕育更多的生命啊！希望大家都要有這樣的觀念，我們的海洋資源才不會越來越枯竭。

▲來送便當嘍！趕快順手把過小的魚放回海中。

▲爸爸熱愛釣魚。

什麼是 陸蟹 ？

　　「陸蟹」就是指生活在陸地上的蟹類。狹義的陸蟹，指包含地蟹科（Gecarcinidae）的成員；而廣義的陸蟹，則是指離開水域後，仍然可以適應陸地上的生活，有正常的生活型態、生理反應，並且不受潮汐的影響，維持一定的活動程度，就是陸蟹的一種。像是中型仿相手蟹、印痕仿相手蟹、毛足圓軸蟹……都是常見的陸蟹。其中又以中型仿相手蟹最有名，因為牠外貌特殊，號稱會走路的微笑熟螃蟹。

▲中型仿相手蟹

▲印痕仿相手蟹

撿垃圾是一種習慣

　　爸爸釣魚讓我頭痛，我有一個習慣，也讓媽媽覺得頭很痛，那就是我從小到大都會撿垃圾回家。不知怎麼的，我實在很不喜歡看到自己的家鄉滿地垃圾，可是墾丁的觀光客很多，所到之處總是可以看見遊客掉落的塑膠袋、寶特瓶、紙張、漁網，甚至是玩耍之後忘記帶回家的各種用品，所以我從小就有撿垃圾的習慣，身邊總是會攜帶一個塑膠袋，放學的時候，就一路把看到的垃圾都撿回家丟。

　　「你又給我撿什麼回來啊！你好奇怪，人家亂丟，你就撿回來……」每次我帶回一袋滿滿的垃圾，耳邊就會響起媽媽困擾的碎碎念。媽媽一開始對我這個撿垃圾的習慣很感冒，可是後來發現，我這麼做好像也不是什麼壞事，甚至還可以保護自己的家鄉，再加上我怎麼講都講不聽，最後就開始配合我，幫我一起整理垃圾啦！說起整理垃圾，媽媽可是比我還專業，她會幫我找出能資源回收的東西分類、壓扁，最後無法利用的直接丟棄。

▲從國小就開始沿路撿垃圾，媽媽一開始頭很痛。

撿垃圾很重要！

　　你覺得撿垃圾這個習慣很奇怪嗎？一點都不奇怪，而且在這美麗的「恆春半島」還很重要呢！

大多數的人聽到恆春半島，自然會想起觀光勝地——墾丁，腦中浮現墾丁大街的模樣、風格獨特的墾丁民宿，或是比基尼女孩。可是，對我來說意義完全不同，我會想起珍貴的歷史古蹟、國家公園、生態環境、陸蟹、全台灣最完整的陸蟹棲地，以及種類最豐富的陸蟹群。尤其像是墾丁香蕉灣、車城

後灣的海岸林一帶，有著物種多樣性最高的陸蟹，也是世界級的保育地。

過去，年紀小的我沿路撿垃圾，純粹是喜歡看見乾淨的家鄉，隨著年紀增長，在我越來越懂得這片土地和我最愛的陸蟹之後，我發現，這個奇怪的小習慣更需要堅持下去，這麼做不僅能夠保護海洋生態，也直接影響著陸蟹的健康。

如果你有機會來到這裡觀賞陸蟹，或者是參加暑假的夜間賞蟹行程，不妨向志工學習如何輕輕把陸蟹抓起來，看看牠可愛的小肚子或是八隻長足。這時，你們可能會發現，有些陸蟹的身體或是足部，纏繞著奇怪的小東西，像是紅色細長的塑膠繩，沒錯，那是垃圾。可能是用來將小吃袋束口的紅色塑膠繩，不小心隨風飄走，落在陸蟹的棲地，接著陸蟹來來回回走過去纏上了，於是這條紅色細繩便跟著牠生活一輩子，當然會影響牠的健康嘍！所以，養成隨手撿垃圾或是垃圾不落地的習慣，很重要吧！

人們便利，陸蟹無力

對了，我只是請你觀察，別把陸蟹帶走，觀察完記得放牠回家，又或者乾脆直接帶牠過馬路到海岸邊，避免牠被疾駛而過的車輛輾成「蟹餅」，因為牠有可能是「陸蟹媽媽」，正要去海裡「釋幼」呢！

▲陸蟹可怕的過馬路之旅。

「蟹餅」？「陸蟹媽媽」？「釋幼」？我說了好多大家聽不懂的詞嗎？跟著我一大早走上台 26 線道，望向地面，我想大家就會懂了！是的，地上有好多扁平的陸蟹屍體，像是一個一個的烤餅。仔細看，還能發現這些蟹餅，大部分都帶有滿滿的卵。唉！這是恆春半島夏季特有的「蟹餅」奇觀！不過不是什麼好現象，而是傳說中

▲沒有成功過馬路的，最後都會變成蟹餅。

生態浩劫、路殺事件，只是這次被路殺的主角，換成了陸蟹。如果我們再晚一點來看，這些地面上的蟹餅甚至會被車輛的輪胎帶走，四散各地，讓愛蟹的我心痛不已。

為什麼會這樣呢？觀光發展、道路開發，說穿了就是老問題。恆春半島沿岸，原本是一片完整的熱帶海岸林，那是陸蟹最喜歡的生存環境，可是，隨著觀光的發展，觀光客需要更為便利的道路，於是一條環繞恆春半島，全長 90 公里的海岸公路——台 26 線，就此誕生了！

　　台 26 線的誕生，雖然帶來了交通的便利，但也代表著人們將陸蟹的生存環境直接剖成兩半，把海岸林一分為二。這有什麼關係嗎？陸蟹不要經過馬路就好啦！你可能會這樣想，聽起來也很合理，但是陸蟹一定得過馬路啊，而且還是在夜間，這是怎麼一回事？

　　這得從每年五月梅雨過後的日子說起，這個時間一到，海岸林裡的陸蟹們進入了繁殖季，熱情的尋找另一半，孕育著下一代，直到 7 ～ 10 月之間，每次月圓，潮汐拍打岸邊，就像是在召喚身懷六甲的陸蟹媽媽前往海邊，準備釋放年幼的蚤狀幼蟲寶寶到海裡生活，完成繁殖的最後一個旅程。可是，這個旅程，以前沒有道路開發的時候，就只需要穿越植被，現在卻要穿越大馬路、呼嘯而過的車陣，所以，陸蟹媽媽小小的身軀常常才剛踏出釋幼第一步，就直接變成蟹天使了！彷彿只有幸運的媽媽才能帶著飽滿成熟的卵來到海邊，在海水沖刷下抖動身體，讓卵殼在水裡破裂，使蚤狀幼蟲進入海水中，並且在十餘天後，從海洋裡幸運的長成小陸蟹，將重回岸上，循著記憶回到海岸林棲地。

　　所以嘍！希望大家如果有機會到墾丁玩，都來幫我的家鄉隨手撿垃圾，再參加「幫助陸蟹媽媽過馬路」的活動吧！地方的陸蟹媽媽和寶寶需要你啊！

說完陸蟹的故事，我心頭又揪了起來，得去海水中沉澱一下心靈了。但是，這次我會遇到一位特殊的動物，是誰呢？敬請期待吧！

用音波看世界的小搗蛋——中華白海豚

大海我來嘍！

看看今天有哪些魚出來鬼混？

天啊，我有沒有看錯！

被尾隨卻沒發現的小海豚

我沒看過你，你是新來的嗎？

我第一次潛水遇到瓶鼻海豚耶，好開心喔！

興奮到忘記不能亂摸海洋生物了。

好尷尬喔，她認錯海豚了。

我是中華白海豚啦！比瓶鼻海豚珍貴多了！

小檔案

海豚科

暱稱：媽祖魚，因常在媽祖生
　　　日前後看到，而得名。

體長：280公分

體重：250～280公斤

活動區域：苗栗到台南的近海

圖片提供 / 郭祥廈

媽媽你快來，不要再跟阿姨聊天了。

是姐姐！

小黑仔，你游慢點。

你為什麼在這兒呀？我正帶著小黑仔探索這五光十色的海底世界呢！

然後，就遇到了我這位阿姨了。

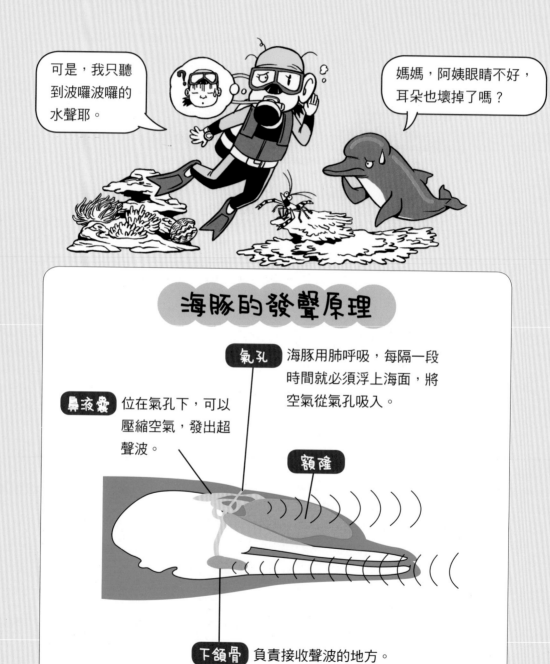

可是，我只聽到波囉波囉的水聲耶。

媽媽，阿姨眼睛不好，耳朵也壞掉了嗎？

海豚的發聲原理

氣孔 海豚用肺呼吸，每隔一段時間就必須浮上海面，將空氣從氣孔吸入。

鼻液囊 位在氣孔下，可以壓縮空氣，發出超聲波。

額隆

下頜骨 負責接收聲波的地方。

他爸是浪子，在小黑仔出生前，就說要去流浪了。

再見了我的愛。

兩年前

你說錯話了。

對不起、對不起。

在我們世界裡，單親媽媽很正常。

我沒有很悲情，還有閨蜜作伴呀！

阿姨，我們在這裡。

你看，說海豚，海豚就到。所以，我也不覺得有什麼不好。

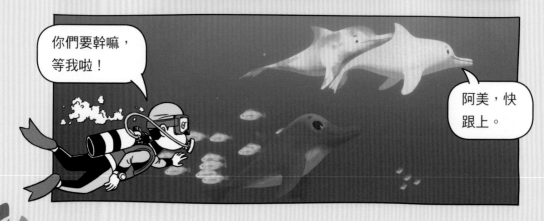

你們要幹嘛，等我啦！

阿美，快跟上。

阿姨，你慢吞吞，這樣怎麼比賽。

我沒辦法比賽，但是我可以當裁判呀！

預備……開始！

你……你的皮膚，變粉紅色了耶！

這只是因為我們豚來瘋，血管擴張才會這樣，別怕。

不要光顧著講話，大船來了。

這些船突然出現，一不小心就會害我們被撞傷了。

你們有沒有聞到一股臭臭、有點刺鼻的味道？

我聞聞。咳咳咳，好臭喔！

我就知道，又是工廠在排放廢水。

水好髒喔，還有黑漆漆的廢棄物。

海洋真的好美，可以在墾丁遇到你們，也好開心喔！

這裡是彰化外海耶，不是墾丁！你搞錯了。

哈哈，阿姨你在搞笑嗎？

這裡是彰化？我怎麼會在這裡？

原來是做夢⋯⋯

~THE END~

特有種任務 GO!

公路死亡事件

　　暑假期間，小謝開車帶著一家人到墾丁玩，一大早，小謝出門買早餐發現了馬路上奇怪的事物，他拍照下來，上傳到「疑難雜症問這裡」群組詢問。你知道答案嗎？來幫忙解答吧。

疑難雜症問這裡 🔍 ≡ ⋮

小謝

萬能的群組，請問這是什麼？
我在屏東後灣的馬路上看到很
多。

小賢

　這是 _____

小謝

我看得出來，可是怎麼會在馬
路上。

小賢

　因為 _____
　_____

小謝

天哪，牠們好可憐喔！

小賢

你知道嗎，每年都有 30% 的
_____ 死在這裡，如果這裡
有 5000 隻，等於一年有 _____
_____ 隻死在馬路上。

小謝

那我們要做什麼保護牠們？

小賢

你可以 _____
_____
_____
_____
_____
_____
_____

小謝護蟹

　　經過上次的事件，小謝參加了護蟹志工隊，這一天晚上志工要進行封路護蟹過馬路的活動和宣導。你知道他們要做什麼事嗎？請在下方對的選項前打勾。

❶ 在陸蟹過馬路的高峰期間，要怎麼幫陸蟹過馬路。

[ ] 　每隔10分鐘將車子攔下管制，禁止通行10分鐘

[ ] 　只要有陸蟹過馬路，就將車子攔下，禁止通行

[ ] 　把馬路圍起來，只留一輛車的寬度通行

[ ] 　車子暫停期間，做護蟹的宣導說明

❷ 在非高峰期間

[ ] 　尋找抱卵正準備釋幼的陸蟹媽媽，將牠們帶回保育中心集中釋幼

[ ] 　尋找抱卵正準備釋幼的陸蟹媽媽，將牠們帶到海岸邊再釋放

[ ] 　將每個被抓住的陸蟹媽媽做紀錄

❸ 請設計一個向用路人宣導的陸蟹過馬路海報。

糞金龜的總舖師
✕
放屁護一生的放屁蟲

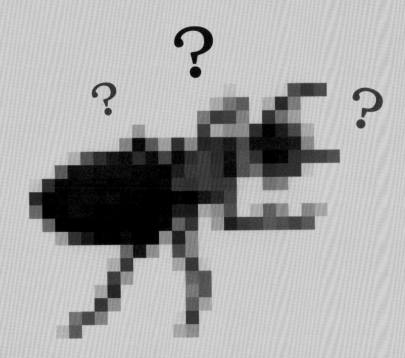

糞金龜的總舖師

何彬宏

今年21歲，
中興大學昆蟲系四年級。熱愛物種：糞金龜
夢想：成為一名昆蟲學家。

小時候就喜歡利用放學、
放假時間，在公園、花圃或
溝池內的糞金龜。

這是我的收藏，全世界最
大的糞金龜，君主巨蜣螂，
專吃大象的大便。

在台灣研究糞金龜，真的很冷門，資源也少，要讓大眾
了解糞金龜，可能還需要一點時間。但沒關係，我會
按照我的步調走，相信我的努力，總有一天會被看見。

我要成為「屎龜王」！

大家都叫我「屎龜王」，顧名思義，當然是因為我非常喜歡糞金龜，如今對糞金龜的研究也小有成績。現在就來跟你們說說，我是如何一步步踏上成為「屎龜王」的道路吧！

▲所有昆蟲中，我最喜歡糞金龜。儘管推滾糞球的路途可能顛簸或迷失，但牠們仍一步步勇往直前向目標邁進。在我追夢的路途中，我也抱持著相同的精神。

雖然我很早就確立了人生目標，但是一路上並不是那麼順遂。像我高中入學考試考壞，花了三年讀毫無興趣的美工科；另外，準備考大學前，父親「非常、非常」希望我去讀軍校，差點斷送了我的昆蟲夢。他說：「我不會強迫你做什麼，只是給你一個選項」。然而，我對昆蟲的熱愛，父親也看在眼裡，最終我還是順利讀了昆蟲系。

▲尋找糞金龜的認真背影。

看來，要成為屎龜王並不容易，幸好我有糞金龜當榜樣，即使遇到阻礙，我也會像糞金龜一樣，想盡辦法推著糞球克服過去。研究糞金龜並不容易，我會不屈不撓的在這條路上堅持下去，這才不枉費我「屎龜王」的稱號！

燃燒吧！屎龜魂！

　　糞金龜成天與糞便為伍，大家一聞到那種臭味都敬而遠之。在台灣幾乎沒有人研究糞金龜，資源很少，研究起來非常費力。但是，糞金龜其實對大自然非常重要，它們可以加速糞便的分解，減少細菌和蟲子的孳生。很多人都不了解這點，一聽到「糞」字就覺得牠很髒、瞧不起牠。我希望自己的研究能為糞金龜平反，讓更多人了解牠的重要；雖然這個任務非常沉重，但是每當我看著糞金龜推著沉重的屎團前進時，就會立刻充滿動力，覺得再辛苦都值得。

　　你們看，糞金龜有著強壯的前肢，它能夠推動比自己還重的糞團；糞團再怎麼重，糞金龜都是獨自一人推行前進。我也是這樣，小時候我常一個人到附近公園、花圃找糞金龜。有了機車駕照後，我也常一個人騎車跑遍全台灣尋找糞金龜，每年里程數往往達到一萬公里，可以繞臺灣十圈呢！

　　瞧！就跟糞金龜一樣，我背負著沉重的使命，孤獨的奮力前行，這就是燃燒在我心中的「屎龜魂」！

大自然的清道夫：糞金龜

　　糞金龜不只以糞便為食，有些甚至會吃腐敗的動物屍體，因此很多人覺得糞金龜很髒。但是，牠們可是大自然的清道夫呢！如果這世界少了糞金龜，動物的糞便和屍體就沒辦法有效分解，會孳生細菌和蠅類，反而對環境產生劇烈衝擊。

上山採「糞」趣

你問我為什麼研究糞金龜還要爬山？因為牧場裡的牛幾乎都吃飼料，所以牠們的糞便不夠「自然」，裡面有很多成份糞金龜不喜歡；山上的牛則大多以青草為主食，牠們的糞便非常天然，是糞金龜的最愛。其實，就像人類喜歡吃自然的食物，對糞金龜來說，糞便當然越自然越好囉。

在這片草坡上到處都是牛糞，但是要注意，可不是隨便的牛糞都能拿來當誘餌。就像人類喜歡吃新鮮食物一樣，糞金龜最喜歡新鮮的糞便了。那些乾乾癟癟、長出菇類的牛糞可不行；最好是青綠色、又溼又熱的牛糞，那可是糞金龜最愛的美食佳餚呢！

在山上採集新鮮牛糞，不僅可以拿來當作誘餌，採集的同時還可以捉到許多糞金龜。你看，這些新鮮牛糞上的小洞，都是糞金龜鑽出來的；這時只要把手指插進去，用力一挖，就能抓到糞金龜了。好吧，在你成為糞

糞金龜 ？還是『蜣螂』？

以糞便為主食，並且屬於金龜子總科，因此我們一般把牠叫做「糞金龜」；但是，牠有另外一個正式的名稱，叫做「蜣螂」。

台灣最大的糞金龜叫做「神農潔蜣螂」，別名「大黑糞金龜」。體長可達 3.3 ～ 4.2 公分，分布於台灣全島平地及低山區，喜歡吃牛糞，在台灣早期農耕社會非常常見。

大黑糞金龜

金龜老手之前，這個動作可能太為難你了。不過，為了深入研究牠們，標本當然越多越好啦！

摒住呼吸，糞糞大餐出爐啦！

採集到新鮮牛糞之後，接下來就可以一起來設置陷阱捕捉糞金龜了。一直以來，我都是一個人捕捉、研究糞金龜；難得有人跟我一起採集牛糞、設置陷阱，其實我也很好奇新手的反應會如何……。

首先，挑選一塊山林間平坦的窪地，這裡比較容易有昆蟲聚集；接著，就是「香噴噴」的誘餌登場啦！今天，我帶了三種糞便來當誘餌，除了上次上山採的新鮮牛糞以外，還有「人糞」和「腐肉」……哎呀！你搗著鼻子要怎麼幫我把這些糞便分成小塊啦？

果不其然，人們一看到「人糞」立刻手搗口鼻、四處奔逃。對我來說，面不改色的處理糞便是研究糞金龜的基本功。相信我，多做幾次就會習慣了；當然，前提是要像我一樣對糞金龜充滿熱忱才行。

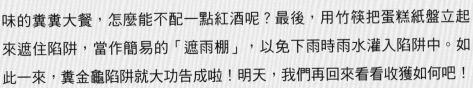

把三種誘餌分成小塊之後，分別放到不同的塑膠杯中，然後杯口朝上埋進土裡，杯口要露出來。接著，在誘餌上加一點紅酒幫助發酵，一頓美味的糞糞大餐，怎麼能不配一點紅酒呢？最後，用竹筷把蛋糕紙盤立起來遮住陷阱，當作簡易的「遮雨棚」，以免下雨時雨水灌入陷阱中。如此一來，糞金龜陷阱就大功告成啦！明天，我們再回來看看收穫如何吧！

開箱！糞金龜陷阱

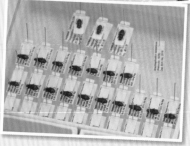

平原嗡蜣螂

▲我發現的新物種，平原嗡蜣螂。

　　看來，我們精心調製的糞糞大餐，吸引到不少糞金龜前來大快朵頤呢！根據以往的經驗，每個陷阱可以捕獲約十幾隻糞金龜，有一兩百隻就算豐收了。這次我們設下十個陷阱，竟然捕到三百多隻，說不定這就是緣份！

　　把糞金龜從陷阱抓出來後，會將牠們放衛生紙團中，簡單清潔一下。帶回家後，就能開始製作標本嘍。標本完成後，會先粗略的依照體型大小分類，再來得仔細觀察糞金龜身上細微的差異，進行專業的物種鑑定與分類。

　　我平常在房間整理與製作標本，常常一窩就是好幾個小時。我的標本大概有幾千隻，總共三百多種；其中一種是我發現的新物種，叫做「平原嗡蜣螂」。你問，為什麼不能稱為「彬宏糞金龜」？在學術上，生物的命名和發表具有嚴謹的規範。依照慣例，發現者不會用自己的名字做為新物種的名稱。

地位崇高的糞金龜—— 聖甲蟲

糞金龜成天跟糞便混在一起，很多人因此看不起它；但是在古埃及，糞金龜可是神聖的象徵，他們稱之為「聖甲蟲」。

提賽蚋鄉

在古埃及，人看到糞金龜推著糞球前進，圓滾滾的糞球讓他們聯想到太陽，因此糞金龜就成了太陽神的化身。古埃及人喜歡配戴雕刻成聖甲蟲模樣的飾品，並且還會拿來當作護身符。看來，我們以後要對糞金龜多一份敬意呢！

三種類型的 糞金龜

根據糞金龜處理糞便的方法，可以將牠們分為三種類型：第一種會在糞便上挖洞直達地底，存放食物和育幼球；第二種是把糞便製成糞球推滾到適當的地方存放；第三種則是直接在糞團中開闢空間，存放食物與育幼球。

台灣的糞金龜大多是挖通道的物種，下次在野外如果看到新鮮的糞便上出現孔洞，代表糞便下方可能有一群糞金龜在享用大餐喔！

除了糞金龜，人們對山林裡另一種昆蟲也有很深的誤解，跟我去聽聽擬食蝸步行蟲訴苦吧！

放屁護一生的放屁蟲——擬食蝸步形蟲

噢！尷尬，吃貨的樣子被你發現了。

別害羞嘛，我認識你啊，你是天生愛吃蝸牛的台灣擬食蝸步行蟲，對吧？

小檔案

步行蟲科

體長：約3.6～4.3公分；雄蟲較小。

體色：頭部、前胸背板，有亮麗的桃紅或藍綠色光澤，具有爬行寶石的稱號。

特色：長型頭部適合鑽入蝸牛殼內取食。

圖片提供／葉人瑋

說的好標準，你一定是昆蟲愛好者！該不會是來研究我的……

呵呵～我熱愛昆蟲，但我是在找糞金龜，不小心太晚下山回家才看到你的。

不過，我覺得我可能會愛上你！

剛剛看著你吃掉體型比你大的蝸牛，覺得太猛了！

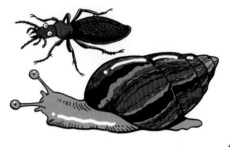

鉗子狀的口器，讓我能輕易的鑽入蝸牛殼內好好進食。

那是因為我有狹長的頭部……

別以為我只有吃大蝸牛這個厲害的招式，身為台灣第二大步行蟲，我雖然不會飛，但我有細長的腿，可以走超級快、超級快。

腳動這麼快，感覺是有什麼急事！

那我繼續說嚕！夏天才出沒的我，住在台灣中高海拔的森林裡，白天喜歡躲在陰暗安全的地方睡覺……

落葉堆

朽木底下，

大石塊

等等，你說慢一點，我筆記。

好啊！總之那些地方呢，都是我白天的窩。等到晚上，我就會出來趴趴走，像現在這樣。

不過，我的長相很不討喜，首先呢，是你們人類老是把我誤認為蟑螂……

總是還沒看清楚，就用掃把趕我走或是踩扁我！

再來就是……我也沒什麼朋友。所以，一直過著擔心受怕的日子，越來越沒有自信。

唉唷，別這樣，總是有可愛的時候啊！小時候呢？動物小時候都很可愛啊！

說到小時候，我就更想哭。

嗚
嗚 嗚

我小時候長得像蜈蚣，大家根本覺得我很恐怖，還躲著我！

ㄜ，真的蠻像蜈蚣的！我是不會怕啦！但是一般人確實可能不喜歡～

對吧！我就知道。

不過最讓我自卑的是⋯⋯

啊～有鳥！

鳥的倒影

我天生敏感只要稍微受到驚嚇⋯⋯

就會放屁!

對不起喔,我這個防身的味道,不僅臭臭的,如果不小心被噴到,還會有一股刺痛的灼熱感。

這味道真的有點像嘔吐味啊～

所以我有一個難為情的綽號,叫做放屁蟲。

唉唷!對我不用客氣啦!我可是熱愛糞金龜的昆蟲達人,臭味我可以忍。

這個生化武器，雖然可以保護我不被天敵吃掉……卻也讓其他昆蟲離我遠遠的……。

別傷心了，一定有人會欣賞你的嘛！

咦？發生什麼事了？

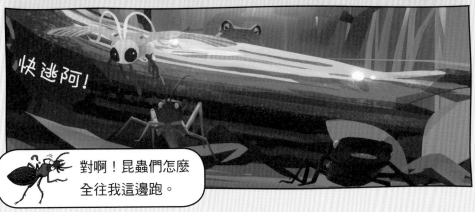

快逃阿！

對啊！昆蟲們怎麼全往我這邊跑。

太棒了，我相信你打敗癩蝦蟆的事蹟傳開之後，大家就會知道，原來你的臭屁可以救命。

現在我不覺得愛放屁是種丟臉的行為，我只覺得我，天生有材屁有用！

我好開心，我有朋友了

糟了！一興奮不小心就瓦斯外洩了……

怎麼辦，剛認識的朋友都暈了！

暈

暈

怎麼辦，你好像又沒有朋友了！

我不要孤孤單單的過一生啊！

~THE END~

特有種任務 GO!

製作糞金龜的餌料

　　喜歡甲蟲的小步，這次要跟著彬宏哥哥去採集糞金龜，這次希望能採集到不同種類的糞金龜。他要先準備糞金龜的餌料，再製作採集糞金龜的道具，請你一起來製作吧！

① 準備糞金龜的餌料

　　糞金龜的餌料是：＿＿＿＿＿＿＿＿＿＿＿＿

　　餌料的要注意的是：☐ 新鮮　☐ 乾燥　☐ 多樣　☐ 單一種

　　還要再加一種東西讓餌料快速發酵，會更快吸引到糞金龜，

　　這個東西是 ☐ 啤酒　☐ 紅酒　☐ 果汁　☐ 水

② 準備採集糞金龜的工具：塑膠杯數個、紙盤數個、免洗筷數雙、塑膠網

③ 請利用以上的材料畫出要如何設置採集糞金龜的陷阱，為了避免下雨，還需要幫陷阱設計雨遮喔。

我說你畫

　　小步在野外看到一隻在吃蝸牛的甲蟲，他來不及把相機拿出來拍照，但非常想知道這隻甲蟲叫什麼名字，請你依照小步說的特徵，幫他畫出這隻甲蟲的樣子以及周圍的環境吧！

① 體色是紅色和黑色

② 翅鞘上有著像苦瓜一樣的花紋

③ 翅鞘大部分是黑色的，邊緣一圈紅色

④ 胸部也是紅色的

⑤ 白天喜歡待在石頭、落葉或枯木下睡覺

行走的螳螂百科
✕
逐草而居的肌肉男

行走的螳螂百科

王遠騰
今年18歲，
新竹高中三年級。
昆蟲迷，從小對
螳螂一見鍾情。

想在新竹高中的校園裡面找到我，很簡單，只要看到
遠處有個人拿著捕蟲網在草堆上撈來撈去、跑來跑
去，或者正在用怪異的姿勢拍照，那就是我。

擅長自製野外觀察使用
的好用小工具。

收集將近150隻的螳
螂標本,冷凍庫裡還
有許多沒空製作的冷
凍昆蟲君。

夢想成為一名專業的昆蟲
研究員。正在努力精進自己
的專業能力中!

說起螳螂滔滔不絕

「這是中華大刀螳螂，在樹葉上隨風飄盪的姿態，是為了讓人以為自己是樹葉或草；那是寬腹釜螳，牠是全台灣最常見的螳螂之一，最大的特徵，在於他的前足基節內側有三到四枚的黃色斑點……」是呀，說起螳螂，我就是這麼滔滔不絕，輕鬆自在，彷彿牠們都是我認識多年的老朋友。

我才 18 歲，說螳螂是老朋友，你們一定覺得很奇怪吧！不奇怪，一點都不奇怪，仔細想想，我從 8 歲就和螳螂一見鍾情，攤開指頭數一數……哇！追蹤螳螂已經十年了，所以，稱呼螳螂為老朋友，應該是完全不為過啊！

▲中華大刀螳螂

寬腹斧螳

▲寬腹斧螳，前足基節內側有三到四枚的黃色斑點。

第一次見面就被圈粉

我永遠記得第一次看到螳螂的那天。當時，我還不知道牠的正確學名！但是牠歪著三角形的頭，前足勾了起來，身體在我眼前輕飄晃動，靈巧優美，像是帥氣中帶點優雅的祈禱者。太帥了！我心中很是激動，忍不住停下來，看了

許久,直到牠發現我,一溜煙的躲起來。

在那之後,我就被螳螂圈粉啦,開啟了我的螳螂追尋之路,每每往戶外跑,就希望可以看到更多的螳螂。不過,就在我迷上牠,追蹤牠,觀察牠之後,我才發現,根本不可能看到一大群聚集的螳螂,因為,螳螂的習性是個獨行俠!除非是求偶期,否則你大多只能看到獨來獨往的牠,隱身在草叢間。

▲因為前足勾起來的模樣超像在祈禱,所以螳螂有禱告家的封號。

我們都是獨行俠

現在想想,螳螂總是獨來獨往的習性,倒是和我有點像啊!其實,我並沒有抗拒和人群相處,只是從小開始,我就喜歡往山上跑,看

▲我們都是獨行俠。

蟲、找蟲、觀察蟲,有機會帶著昆蟲回家養,我就會宅在家裡研究一整天。如果是抓到螳螂呢,我甚至可以忘記吃飯睡覺的時間。你說,當時和我同年齡的孩子,誰會想要整天跟著我往山上跑,或是窩在家呢?所以,自然而然我就變成獨行俠嘍!

不過,獨行俠也會遇到懂你的人!如果你正和我一樣在追尋昆蟲的道路上,又覺得有點孤單。別擔心,繼續做你想做的事情吧!因為,當我升上高中,進入生研社之後,一切就變得不同了!在這裡,我找到一群昆蟲同好,我們都喜歡動物、昆蟲,也在乎牠們的生存環境和生活習性,有很多共同的話題可以聊,還可以交換最近的新發現呢!

螳螂迷的日常，了解牠

想知道我這個螳螂迷，平時都在做什麼嗎？沒有別的，就是每天都試著讓自己更了解牠。像是透過文獻閱讀、各地的野外觀察，研究螳螂的各種形態與行為模式。接著，累積不少知識背景後，我便開始到野外進行捕蟲觀察，近距離測量每一隻螳螂的體型大小，健康狀況，比較牠們生活在不同棲地時的生長差異，記錄牠們的野外生存狀況。同時也會透過飼養，直接觀察螳螂的各種行為。

▲戶外觀察中。

▲飼養在家中的夥伴。

我必須要說，能夠在野外見到不同種類的螳螂，心裡會有一種說不上來的悸動喔！像是最近一次難得的邀約，讓我能夠前往北橫這個昆蟲勝地，親自完成一個完整的夜間點燈找蟲設置，並且招來了平時難以見得的魏氏奇葉螳，那種感覺真的很棒，是一種前所未有的雀躍啊！

▼第一次親自選擇架燈地點、親手拉動發電機，架起腳架，搭起布幕點燈，完成一個夜間點燈找蟲設置。

螳螂迷的日常，做標本。

　　至於被我飼養後，那些壽終正寢的螳螂們，我會珍惜的把牠們做成標本保存。所以嘍！製作標本也是我熱愛的專研項目之一。然而製作標本時，我通常會靜靜的窩在一個克難又溫馨的研究室。其實，就是我看書、寫作業、睡覺的房間啦！只要一有空，我就

▲溫馨又克難的研究室，我房間。

會開始宅在這裡做標本，一屁股坐上椅子，就會是好幾個小時，相信昆蟲迷都知道，製作標本最重要的就是專注。所以，我有時候可能做到連吃飯睡覺都忘記，這一點我相信是所有昆蟲迷的必經之路。

　　別小看這些標本的力量，標本在昆蟲型態研究和分類研究方面意義深遠，因為對昆蟲來說，只要有一點點的差異，就有可能是不同的種類或是本土的特有種，於是我秉持著這樣的信念，不知不覺，做著做著，就收集了將近150隻的螳螂標本！

▲埋首標本時間過得好快。

螳螂迷的日常，自製小工具

鑽研螳螂、野外採集昆蟲、製作標本……我想許多昆蟲迷大多如此，但我還有一個特殊的強項，就是喜歡自己動手設計各種戶外觀察生物用的小工具。例如：蛇勾、捕蟲盒、採集盒，都是我廢物利用撿取摺疊傘的骨架、空的飲料杯，自己動手做的 DIY。這樣一來，不僅節省觀察昆蟲的花費預算，還能廢物利用，重點是我自己覺得超級好用啦！

▲自製蛇勾，是改造自生活中很常見的工具——摺疊傘的骨架，所以製作完成後，使用時可以伸縮。

誰是 魏氏奇葉螳？

體色深褐色，胸部細長，頭頂上方有一枚特化的刺突狀犄角，前胸背板窄長，前翅有暗褐色或黑色的網狀脈紋，前腳腿節內側粉紅色，普遍分布於低、中海拔山區。數量不多，習性非常隱密，視力好、活動力強，生性機警，夜間有趨光性。成蟲出現於 7～11 月間。

魏氏奇葉螳

廢寢忘食，只為生態發聲

　　說真的，家人一開始也不是很能夠理解我這種「特殊宅」或「昆蟲宅」。媽媽常常打開冷凍庫驚呼著說：「你冰箱裡也太多冷凍昆蟲了吧！什麼時候要清庫存？」或是說「我沒有看過像你這麼瘋狂喜歡螳螂的小孩耶！你什麼時候要做別的事？」她說，我總是喜歡把所有的事情排在螳螂之後，看著我廢寢忘食，總是有點擔心，老問我要不要睡覺。我必須得說，我真的覺得睡覺是一件很浪費時間的事，如果可以，我想把睡覺的時間都拿去做些和螳螂有關的研究，或是對生態更有意義的事情。

　　這種心情啊，有點像是「能力越大，責任越大！」的電影台詞，因為當我懂得越來越多之後，也意識到我應該比其他人更有能力為動物或昆蟲發聲，甚至有機會破除大家對昆蟲的迷思或誤會。

　　別以為我只是說說而已喔，我可是澈底執行小行動大力量的人。現在，我主動向新竹高中圖書館，提出辦理生態系列講座的課程，希望能號召大家來學習正確的生態知識，傳達出好好保護環境，就能讓物種好好繁衍下去的重要性。還有，順便認識我最愛的螳螂，讓大家看到台灣的螳螂之美唷！

▲帶領講座學生到戶外直接認識昆蟲和生物。

我愛螳螂，但我更愛台灣的生物之美，接下來，我要帶大家跟我一起前往草堆裡，認識一位我在尋找螳螂時，常常也會碰到的台灣特有種，是誰呢？一起出發去看看吧！

逐草而居的肌肉男——翠斑草蜥

螳螂～螳螂～在哪呢？今天怎麼都找不到螳螂啊？

嗨～沒有螳螂，有我草蜥啊！

你是？啊，我知道，是台灣草蜥？

不！我是翠斑草蜥，比台灣草蜥，多了一抹漂亮的翠綠色。

一樣有飛簷走壁的超能力，帥度爆表。

小檔案

圖片提供／林思民

正蜥科

體長：約4.5～6.0公分（不含尾部）

尾長：約是身體的2.5倍至3倍

求偶期：雄蜥有明顯的綠色斑點，
　　　　雌蜥則呈現淡褐色，只有
　　　　隱約的綠色條帶。

你知道我們輕功草上飛的祕訣嗎？

等等讓我猜，是……尾巴！

沒錯，請看我這條長長的尾巴，可以捲曲，幫助攀爬，還能保持平衡。

好方便喔，要是我可以像你有這樣的尾巴，觀察螳螂就更方便了！

就是這條長尾巴，讓你能夠逐草而居，輕鬆的穿梭在低矮的灌叢和芒草區吧！

是啊！我可是從小就在這片草地裡成長。

破殼而出、吃喝拉撒睡、漸漸長成一隻健壯的我，都是在這裡發生的！

帥吧！

老實說，我覺得你們長得很秀氣。

不准用秀氣形容我，我從小就立志成為超級英雄耶！。

為了成為最強壯、最厲害的猛男，我每天都把這片草地當成健身房，鍛鍊身體。

看我借草翻滾～

怎麼樣？很壯吧！

有小肌肉，真可愛。

有時候，我們很像跑酷手，用這雙無敵的飛毛腿，和同伴在草地奔馳。

READY?

GO!

不會吧！你們無時無刻都在運動喔？我很宅，聽起來好累。

怎麼會？鍛鍊累了，只要停下來晒個日光浴，休息一下。我們就可以再度充滿能量加速狂奔了！

啊，正能量充滿！

事情就是這樣的啦！看誰的翠綠斑點越多、顏色越漂亮，就代表夠強壯，能夠獲得女生的芳心。

鍛鍊多時，是我秀出亮麗斑點和健美身材的時候啦！

這個才對嘛！

帥吧！

通通給他 10 分！

好帥喔！翠綠的斑點，強壯的身體

真的真的，看著女孩們把我當成英雄崇拜，這種感覺真是太 High 啦！

哇～你一下子就打敗所有的選手，連我都好崇拜你！

草蜥的求偶期真的好競爭，還好你成為超級猛男，大家都愛你，你已經是好幾屆的冠軍了吧！

是沒錯啦！但是表面上風光的我，私底下卻有很多煩惱。

什麼煩惱啊？食物不夠吃嗎？

不是，是最近寄生蟲病大流行……

我有好多同伴都因為抵抗力不好，相繼生病死掉了！讓我感到好大的生存壓力～

我們不行了！

雖然身為猛男的我，抵抗力不錯，可是我太紅了，過度的交際應酬，讓我身上的蟲子開始日漸增加，實在很不舒服！

我知道你說的是什麼了，是恙蟎對吧！

翠斑草蜥的寄生蟲

恙蟎數量多，會造成蜥蜴身體的負擔，身體好的蜥蜴也許可以撐過寄生蟲的繁殖季，活下來，身體差的蜥蜴，就會被淘汰掉。

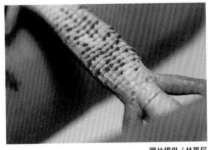

圖片提供／林思民

以前可以衝刺的速度，現在都達不到了！

我對你有信心，你一定可以撐過的。

啾

啾

糟了，說著說著，另一個威脅來了！我不能跟你玩了，我得逃命⋯⋯

天啊，是紅尾伯勞鳥！

你快逃！希望還有機會見到你！

可惡，我又要和我的死對頭紅尾伯勞鳥正面交鋒了！

這次你逃不了的啦！

自從我當上草蜥英雄之後，他就一直窮追不捨，一定是我太鮮豔了，好煩喔！

啊！我被抓到了！

唉～英雄總有失敗的時候。

大家是不是在擔心我？

天啊，我才離開他一下，他就被紅尾伯勞抓到了！好想救他，可是我們不能干擾大自然的食物鏈……

斷尾求生術

喔！他用了斷尾求生術！我趕快過去看看！

啪啪

咻～

什麼啊！只剩下尾巴～

嘿，嚇到了吧！

真的，你也嚇到我了！

遇到生命危險時，我就會截斷尾巴，用尾巴引開敵人注意，並且趁機逃走，你應該知道……這就是我的救命絕招。

唉，不過，我的尾巴斷了，又染上了寄生蟲，現在我的元氣大傷！

可是我記得你的斷尾可以長回來的，對吧？

是可以啦！但是要等到好幾個月後，尾巴長回來，我才能恢復最佳狀態！

而且，在你尾巴長回來之前，都不能再遇見紅尾伯勞鳥，對吧！

沒錯，因為再被抓到一次，我就沒有尾巴可以斷尾求生了！

唉～草蜥界的英雄真的不好當。

等等你拿著小包袱要去哪？

現在我要暫時卸下草地英雄的身分，好好的閉關修練，養好身體啦！

掰掰，希望我下次來找螳螂還能看到你！

保重！我先走啦！

~THE END~

特有種任務 GO!

製作觀察箱

跟著遠騰哥哥一起來製作簡易觀察箱吧!

小螳螂的家

材料：兩個塑膠杯、紗網、樹枝、小布塊
工具：尺、美工刀、快乾膠

步驟一

取一個杯子，保留杯底Ⓐ、杯口Ⓑ。

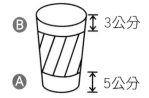

步驟二

將紗網剪裁後，黏至杯口Ⓑ。

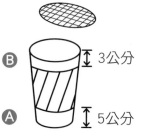

步驟三

取另一個杯子Ⓒ減去杯底。

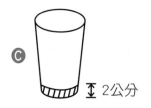

步驟四

將Ⓐ、Ⓑ套至Ⓒ，並放入樹枝、小布塊，螳螂的簡易飼養盒就完成了。

螳螂 × 檔案

　　西西是森林特務的頭頭，他招募了號稱鐮刀殺手的幾種螳螂高手，今天是牠們開始任務的第一天，西西要根據這些螳螂高手的特性，安排牠們出動的地點，請你一起來幫忙吧！

　　請把牠們各自的特技及適合隱藏的地點連起來。

| 中華大刀螳 | 寬腹釜螂 | 微翅跳螳 | 魏氏奇葉螳螂 |

| 敏捷，很會躲藏，善於跳躍 | 隨風搖擺、偽裝成樹葉的樣子 | 適應力很好，台灣最常見 | 在枯枝枯葉間容易隱身 |

| 灌木樹叢 | 森林底層 | 灌木樹叢 | 樹枝尖端 |

從「台灣特有種」學核心素養

　　各位大小讀者在讀完這本特有種的書之後，除了完成特有種任務，想想看你有什麼收穫或感想呢？你喜歡誰的故事，有特別熱愛的物種嗎？你一定發現這本書的內容非常豐富，不僅**扣合國中、小的生物、自然課程，也和社會、公民領域及國際觀息息相關**，12年國教的重要任務，就是培

12年國教 19項重要議題		十項全能的動物保母 × 穿著厚鎧甲的背包客	愛撿垃圾的陸蟹守護者 × 用音波看世界的小搗蛋
核心素養	自主行動		
		★性別平等教育	
		★人權教育	
		★環境教育　✔環境教育	✔環境教育
		★海洋教育	✔海洋教育
		安全教育	
		國際教育	
		科技教育　✔科技教育	✔科技教育
	溝通互動	資訊教育	
		能源教育	
		品德教育　✔品德教育	✔品德教育
		生命教育　✔生命教育	✔生命教育
		法治教育　✔法治教育	
		家庭教育	✔家庭教育
		防災教育	
	社會參與	生涯規劃教育　✔生涯規劃教育	
		多元文化教育	
		閱讀素養　✔閱讀素養	✔閱讀素養
		戶外教育　✔戶外教育	✔戶外教育
		原住民族教育	

養每個孩子的「核心素養」，想想看，這些參與保育行動的大哥哥大姊姊有沒有具備這些能力，你可以向他們學習什麼？你又可以加強什麼呢？

　　表格下方列出12年國教希望每個人都能涉獵和重視的19項重要議題，這裡整理出書中的八個單元各自涵蓋的領域，相信這本書能帶給你豐富的知識和收穫，擠身台灣特有種的行列！

糞金龜的總鋪師 × 放屁護一生的放屁蟲	行走的螳螂百科 × 逐草而居的肌肉男
✔環境教育	✔環境教育
✔國際教育 ✔科技教育	✔科技教育
✔生命教育	✔生命教育
✔生涯規劃教育	
✔閱讀素養 ✔戶外教育	✔閱讀素養 ✔戶外教育

特有種網站

　　看完這些台灣特有種的人、事、物，是不是還意猶未盡呢？如果想看《台灣特有種》生動的影像播出，可以掃描以下QR CODE，就能看到更多喔！除了節目之外，這裡也整理出許多專業的網站，提供大家自學或掌握生物資訊。

◆公共電視《台灣特有種》節目

東方草鴞

台灣長鬃山羊

台灣寬尾鳳蝶

觀霧山椒魚

中華穿山甲

中華白海豚

擬食蝸步行蟲

翠斑草蜥

需先登入會員（免費加入）

◆生物研究相關網站、臉書社團

台灣生物多樣性網站

2020生物多樣性超級年

林務局森活情報站

Ecology＆Evolution translated
「生態演化」中文分享版

屏東科技大學保育類
野生動物收容所

兩棲爬行動物
研究小站

海洋委員會
海洋保育署

海洋生態暨保育
研究室

昆蟲擾西
吳沁婕

小劇場時間

小劇場開演了！現在請你化身導演，將漫畫加上對話，塗上顏色或添加自己心中的畫面，創造屬於你自己的特有種小劇場吧！

你還認識其他哺乳類的特有種嗎？
畫下來或是找到牠們的照片，為牠們製作專屬的小檔案吧！

你還認識其他海洋生物的特有種嗎？
畫下來或是找到牠們的照片，為牠們製作專屬的小檔案吧！

你還認識其他昆蟲的特有種嗎？
畫下來或是找到牠們的照片，為牠們製作專屬的小檔案吧！

你還認識其他爬蟲類的特有種嗎？
畫下來或是找到他們的照片，為他們製作專屬的小檔案吧！

DIY時間

　　讀完之後,你最喜歡哪一隻特有種生物呢?接下來,換你動動手剪下紙模型,做出專屬的伴讀小精靈吧!

步驟一

為特有種生物塗上喜愛的顏色。

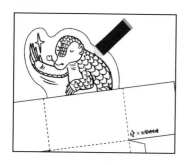

步驟二

沿線剪下紙模型。

步驟三

虛線處往內折。

步驟四

黏貼後,就完成啦!

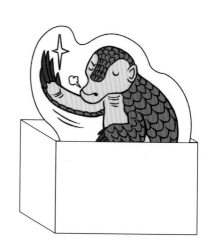

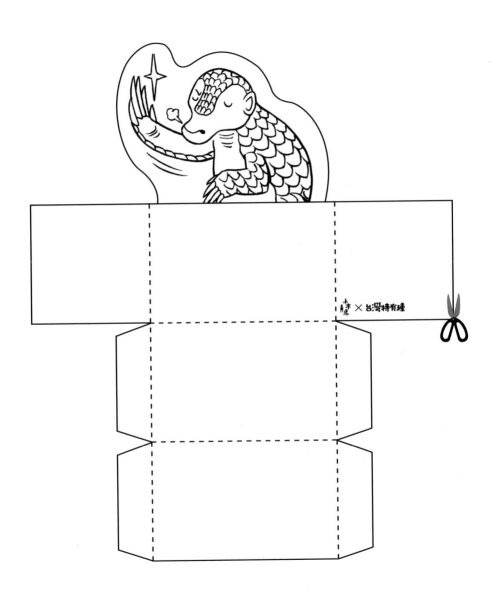

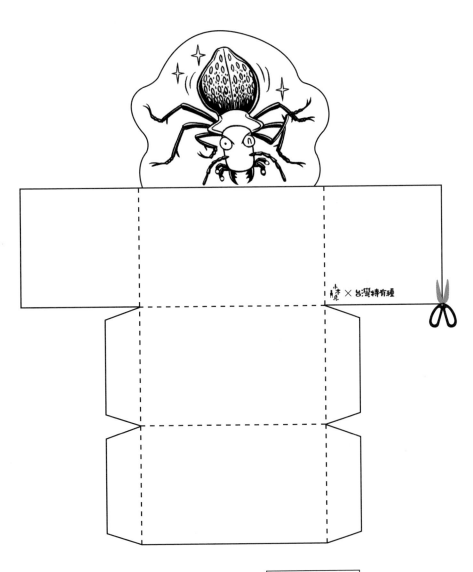

小摩 × 台灣特有種

掃描QR code可以
得到更多特有種
生物唷！

解 答 （答案僅供參考）

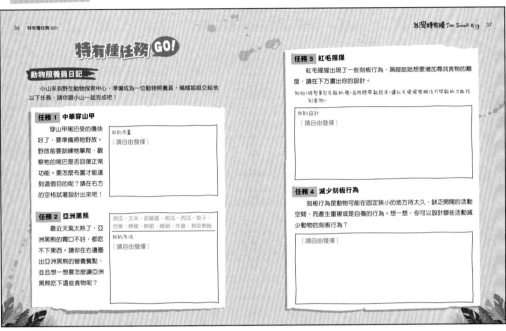

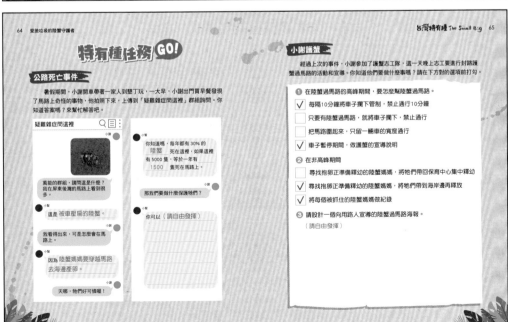

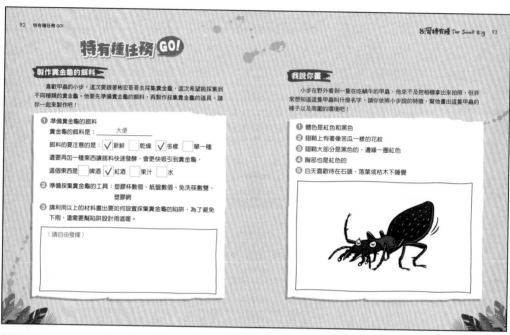

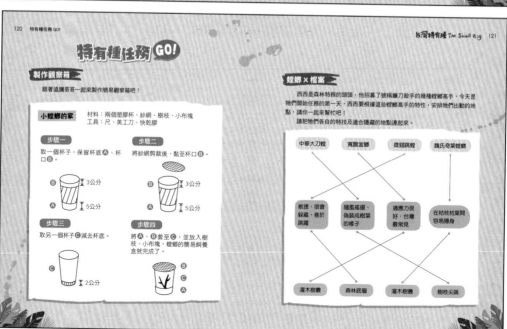

The Small Big 台灣特有種 4
跟著公視最佳兒少節目一窺台灣最有種的物種

作　　者　　公共電視《台灣特有種》製作團隊
文字整理　　鄭倖伃、貓起來工作室
繪　　圖　　傅兆祺

社　　長　　陳蕙慧
副總編輯　　陳怡璇
主　　編　　胡儀芬
特約主編　　鄭倖伃
審　　定　　台灣師範大學生命科學系教授 林思民
行銷企畫　　陳雅雯、尹子麟、張元慧
美術設計　　邱芳芸

出　　版　　木馬文化事業股份有限公司
發　　行　　遠足文化事業股份有限公司（讀書共和國出版集團）
地　　址　　231 新北市新店區民權路 108-4 號 8 樓
電　　話　　02-2218-1417
傳　　真　　02-8667-1065
E m a i l　　service@bookrep.com.tw
郵撥帳號　　19588272 木馬文化事業股份有限公司
客服專線　　0800-2210-29

印　　刷　　通南彩印印刷公司
2020（民 109）年 8 月初版一刷
2024（民 113）年 1 月初版七刷
定　　價　　320 元
I S B N　　978-986-359-827-5